3岁好好笑

格子左左育儿日记第 **2** 季

格子左左 著

世界图书出版公司

上海·西安·北京·广州

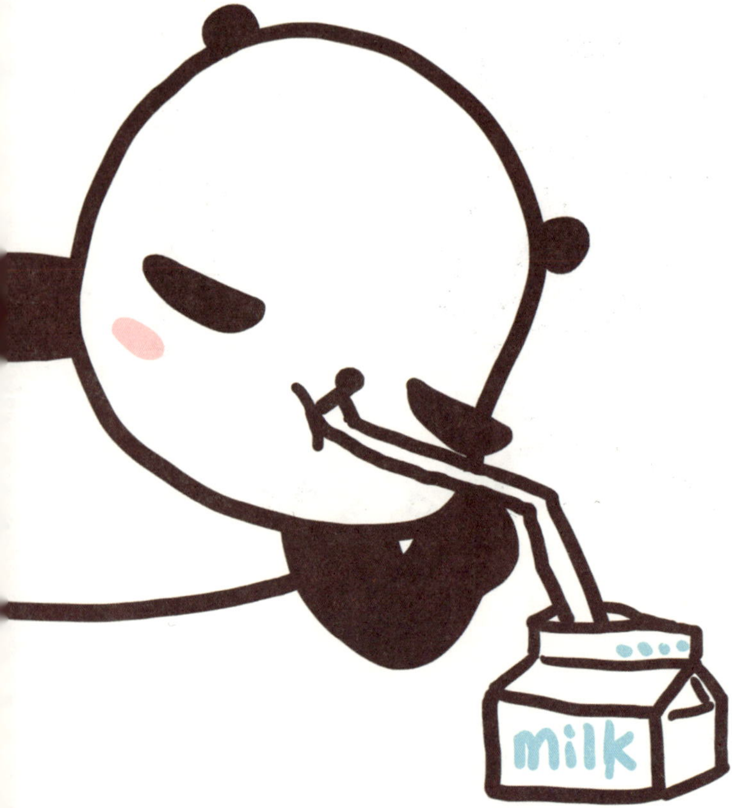
milk

推荐序

现在当妈实在有福了！市面上育儿书啊林林总总的，家教类的提供养儿攻略，心理类的宣扬亲子新观念……而格子的这本《三岁好好笑》就像一本解压书，能为身心疲惫的妈妈送来缕缕清风；读着读着，你会发现心中的火焰被浇灭下去，原来孩子带给自己的各种大小麻烦，别的妈妈也一件不少呀！

进入六月，中华大地迎来了两个家庭大事件，其一是每年"逃不过"的儿童节；其二就是迪士尼乐园开幕。从此，住在那个梦幻城堡里的米奇和米尼将一直召唤着成千上万的家庭去狂欢。我在乐园里遇到了一位美国朋友，他比划着手势对我说："一个人从这么小的小人儿，长到这么大的老人儿，是会经历许许多多的焦虑和磨难的，但米奇和米尼就是来帮我们忘掉那些焦虑，让我们能放任自己快乐地过一天。"

格子为何总是不停地画呢？因为她就是一位懂得放任自己的妈妈，她的故事一点也不推波助澜，更不会怨天尤人，而是以一种少有的温婉和安宁来展现和想象。她想让所有的妈妈和孩子都能像米奇和米尼一样，走过磨难忘了焦虑，好好地笑着长大。

亲子专家　黄静洁

2016.6

妈咪Jane（黄静洁）：中西合璧亲子专家，创办"父母堂"微信公众号和"棒棒糖"优试用平台，被新浪育儿频道评为2013年10大育儿专家，被全国妇联、中国家庭教育学会评为全国百名"好妈妈"。

推荐序

　　记得几年前的一天，好友把一本即将出版的漫画书摆在我桌上：这是关于孕期的漫画小故事哦，看一看吧。那是我和格子左左的第一次"约会"，从此，《大肚皮日记》《格子左左育儿日记》就成了我书架上为数不多的育儿漫画书。

　　和格子相识这些年，始终为她的灵气所折服。她的育儿漫画是如此与众不同，从不灌输什么鸡汤，讲的都是爸爸妈妈和女儿的日常，天真美好，脑洞十足又总充满着正能量。

　　喜欢漫画中的小忆，这个古灵精怪又带着羞涩的小小女生从来都不是"别人家的牛蛙"，她会因为黏妈妈而哭，会因为任性而执拗，也会想法设法地达成自己的小九九，这可不就是"我家孩子"的真实写照吗？更喜欢漫画中的爸爸妈妈，就跟身边的千千万万的新手父母一样，在育儿的道路上摸爬滚打，会犯错会懊悔会尝试也会得瑟，这可不就是"我"的真实经历吗？

　　很高兴，格子的第三本育儿漫画合集——《3岁好好笑》即将出版，光看这个标题就会莞尔：再也不用辛苦翻微博啦！

　　每次看格子左左的微博更新，都会驻足许久，只因一篇一篇细细翻看。那些关于屎尿屁的小故事真实有趣，每一则都仿佛在我家也发生过。想必，凡是喜爱格子的妈妈粉们都有着同样的感受吧！

　　常听人说，育儿的常态是1岁"懵懂"、2岁"糟糕"、3岁"可怕"。而在格子的笔下，一切都不是事儿，发生的种种烦恼都是"好好笑"。只因为，她始终怀着一颗赤忱的心，用别样的方式与才情记录下了为人父母跟随宝贝儿成长的点点滴滴，真实，如是而已。

《时尚育儿》执行主编　陶莉

2016.6

前言

你还记得自己 3 岁时的模样吗？
还记得你的孩子 3 岁时的样子吗？

　　在上一本《格子左左育儿日记》出版问世后，上海电视台李蕾老师曾如此说过："我爱这本书，因为那些文字和图画特别温暖，连吐奶和撒尿都显得生气蓬勃。"

　　而这一本，记录的是孩子的 1 ~ 3 岁，小朋友举手投足间充满了童真童趣。不同于刚出生时各种育儿神器堆满屋子，新手爸妈和一大家子的各种茫然忙乱，这一阶段的我们也在和孩子共同成长。同时，这个时期是孩子生理和心理成长的重要阶段，主角是孩子本身。通过生活中的点点滴滴，我们看到了她作为一个人的所有特征，就像玩角色养成游戏，角色特征从开场就已出现。不然怎么说 3 岁看到老呢？

　　人生不是一场马拉松，我们也不是在同一条跑道上奔跑，被人认同固然重要，但更重要的是不能失去自我。

　　如果你能多些时间和孩子相处，慢慢就会发现，哪怕只有 3 岁，小小的他们也已经开始有自己的个性、想法、喜好和感情了。有些知识是可以学的，多晚都不算晚；而有些感性的东西，比如想象力、爱心、小情怀什么的，小时候弄丢了，以后就再也找不回来了。

　　我们的家庭就和所有 80 后 90 后小家庭差不多，很幸运自己有足够的时间陪着孩子，并给她画漫画。女儿是我的小闺蜜，希望她将来成为一个善良、乐观、心胸宽广、有魅力的女人。

　　有时候看自己的漫画故事，看上去是画孩子，其实画的更多的是自己。为人父母，每个阶段都有各种苦乐，不求博人眼球，只为会心一笑，希望大家会喜欢。

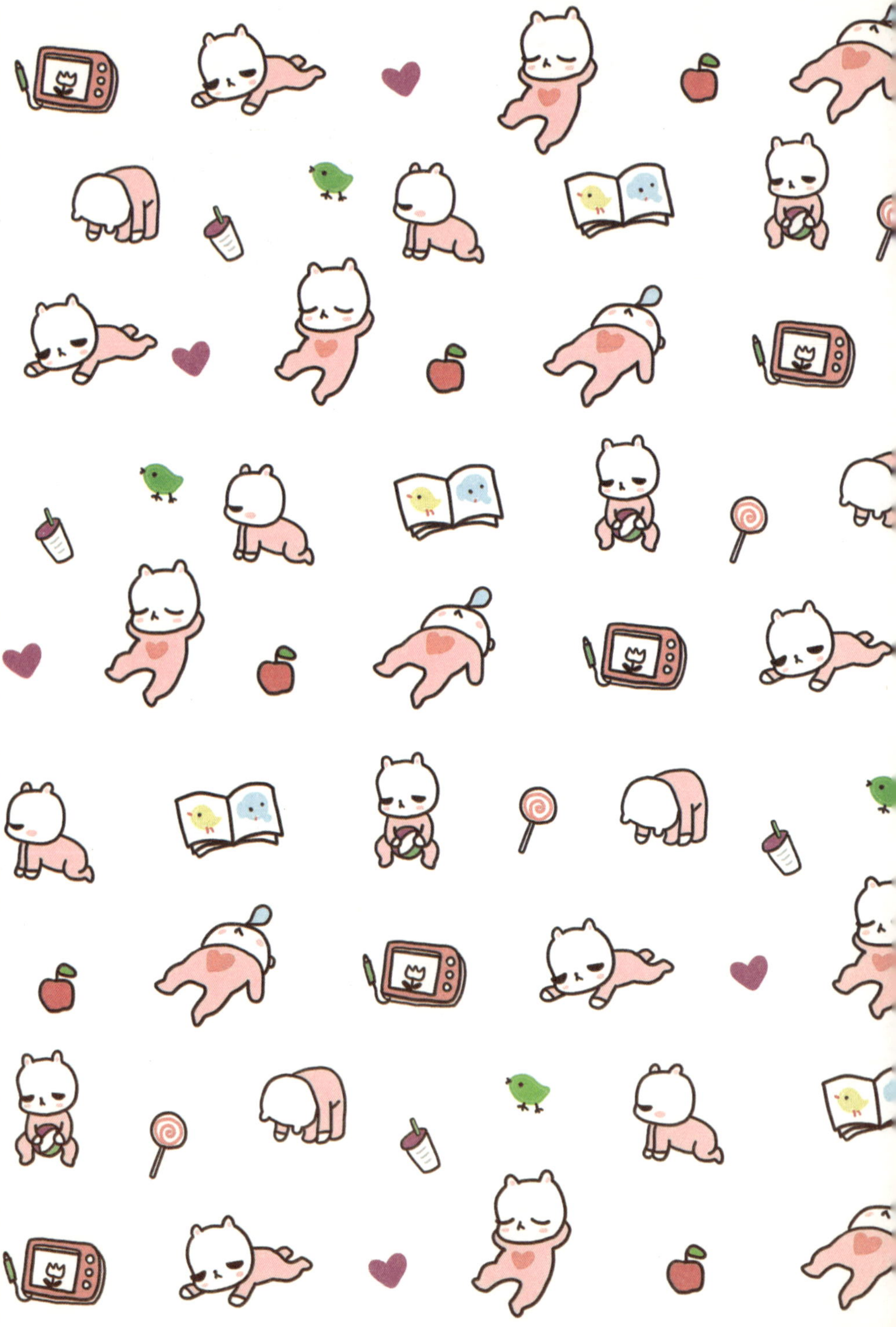

目录 CONTENTS

Chapter 1

小忆在长大

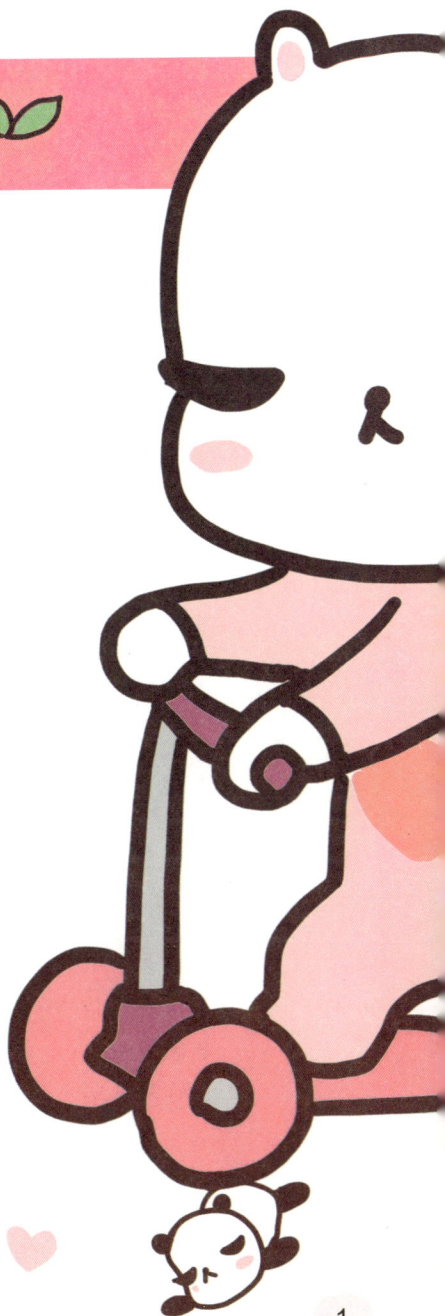

Chapter 2

生病这点事儿

Chapter 3

欢乐亲子游

Chapter 4

🐻 幼儿园记事

3

Chapter 1

小忆在长大

出门

好纠结

每次出门时……

妈妈不要上班班！

妈妈要上班赚奶粉钱……

摇头……

小忆不要吃奶粉！

最后……

那么小忆也要去上班班！

所以出门要

偷偷摸摸的……

快溜……

怎么办呢……

有时也会被识破

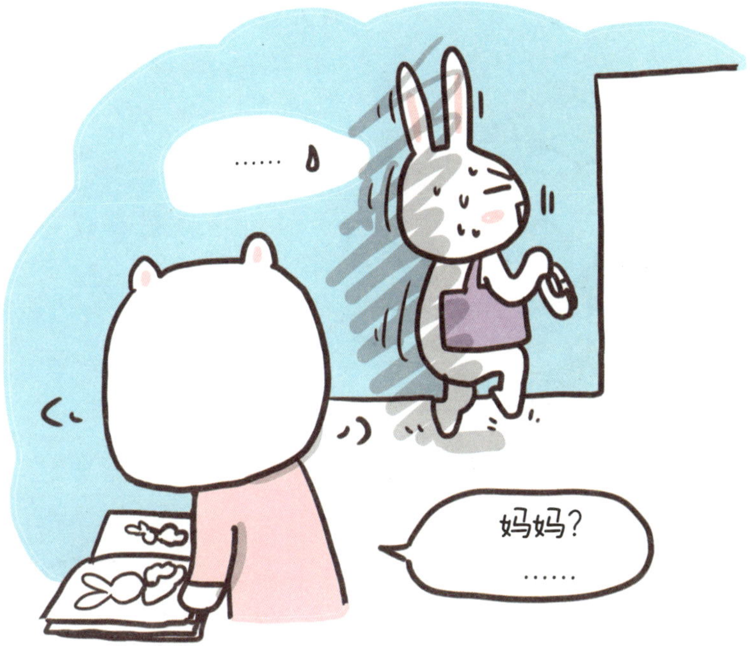

哈哈！哈！

疯

小忆最喜欢
和我们一起
"疯"……

呵呵！呵！

痛！

3岁好好笑

挑战各种底线……💧

哈哈哈……

滚……

当心！

敲到头！

我的预感总是很准的！

3岁好好笑

疯到最后……

就是一个"杯具"!

以后还疯吗?

不要!

教训有用吗?

哈哈哈!!!

又来……

好了伤疤忘了疼!继续爱"疯"!

3岁好好笑

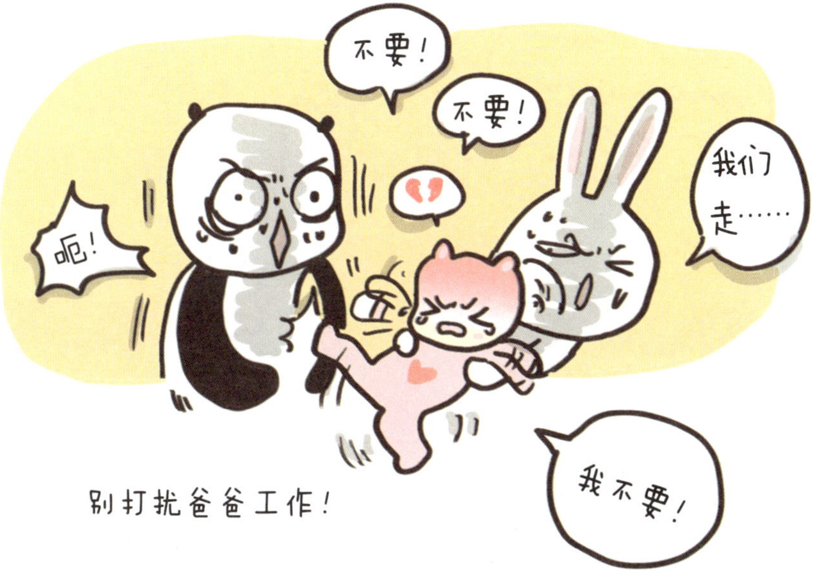
不要！
不要！
我们走……
呃！
别打扰爸爸工作！
我不要！

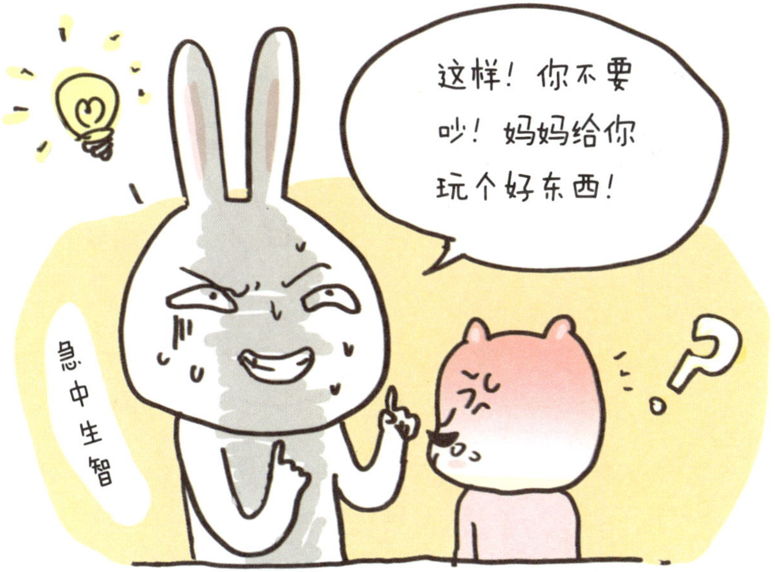
这样！你不要吵！妈妈给你玩个好东西！
急中生智

3岁好好笑

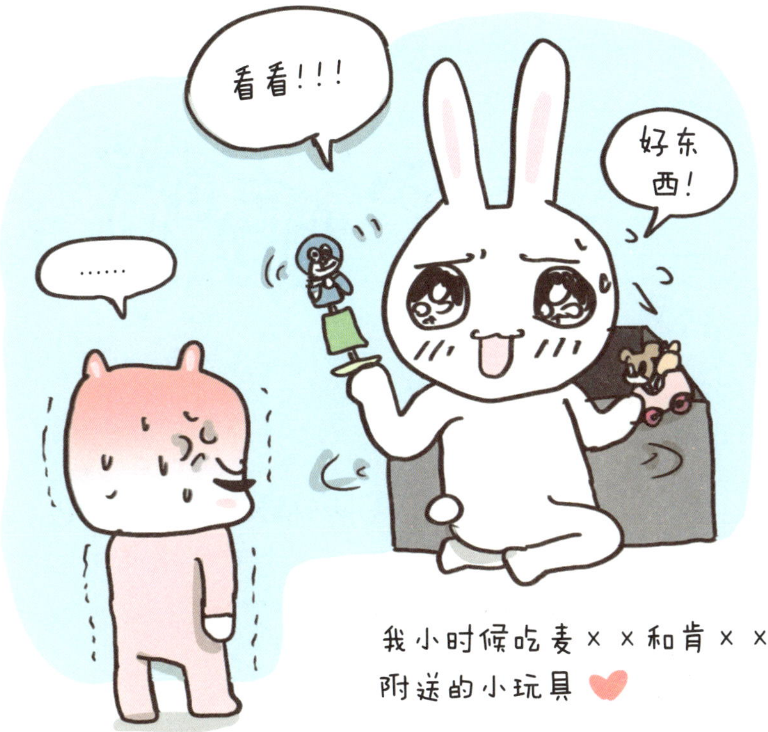

我小时候吃麦××和肯××附送的小玩具

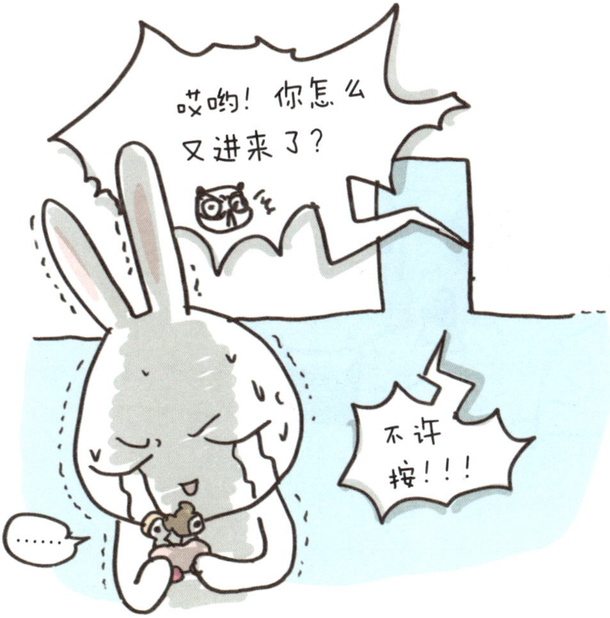

我珍藏到现在……不舍得丢!

戒 奶嘴

小忆睡前就开始念叨
她的奶嘴了……

奶嘴!

奶嘴!

她快3岁了……

生姜

加油!

这次一定
要戒掉
!!!

婆婆大人

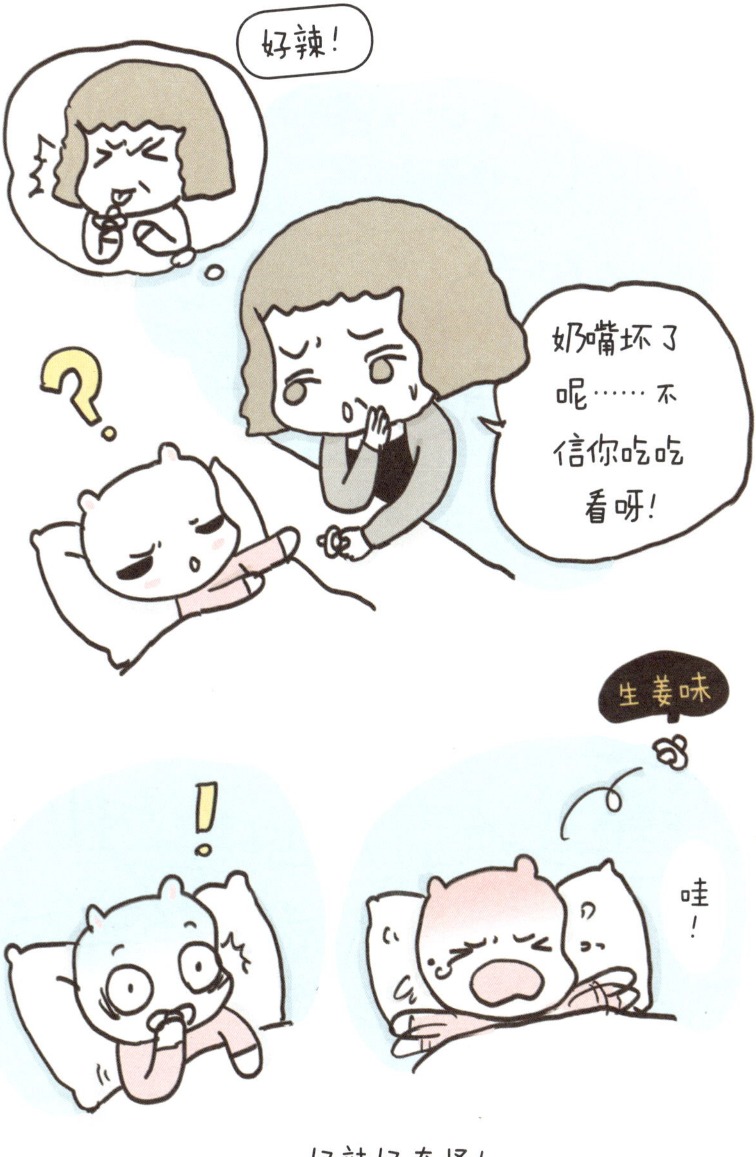

好辣好奇怪！

3岁好好笑

然后一边摸着花边……

　　一边难过地睡着了……

　　　　好可怜……

③ 背背黏

④ 爬爬黏

最骇人的是……

?!

⑤ 扑倒黏

（跪压式）

3岁好好笑

（踩式）

（后坐式）

……好痛！

第一个 **叛逆** 期（两岁半左右）

我不要!

没有!

我不喜欢!

不好!

最近"悲催"地发现：

小忆进入了传说中的**叛逆期**……

最常见的

来，吃饭了!

不要吃饭!

3岁好好笑

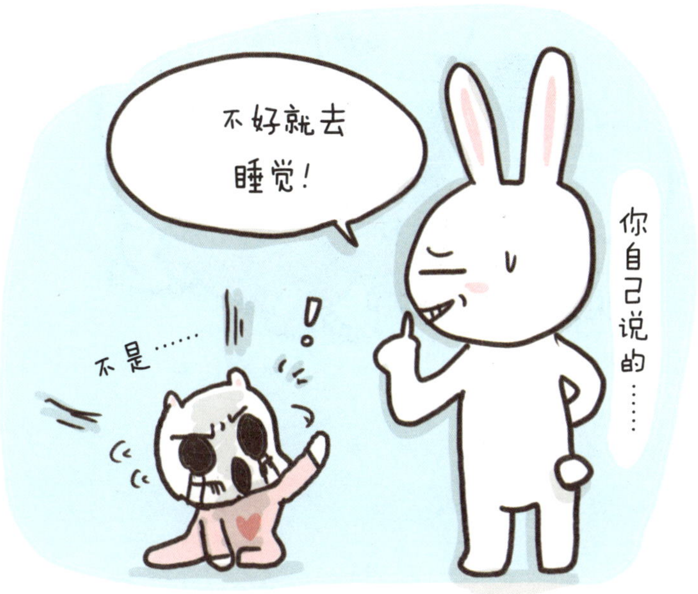
不好就去
睡觉！
不是……
你自己说的……

屁声 好好笑

爸爸
给小鹿充气

哔
哔

她对这个
打气筒
更感兴趣

小孩子都喜欢"屎尿屁"……

睡懒觉

冬天·阴天

全家一起睡懒觉真快乐！

早上9：40起床。

10点喝奶。

然后吃早饭。

包子

然后吃午饭。

好饱

12点，睡点又到！

陪睡妈
太痛苦！

15：00
还在睡
......
腰酸背痛！

16：00......
亲亲！
翻羽
该起床了吧......

17：00！！！

实在受不了了……

吵醒她！

起床了！！！

18：00晚饭时间……

？

又吃饭？

3岁好好笑

今晚我们惨了……她会弄死我们吗?!

去游乐场消耗吧!

精力 FULL

准备迎接夜晚的小恶魔……

睡相 百态

刚睡下的样子

从前有个森林, 有一只小白兔……

不知所云

蒸笼头!

睡着后……

3岁好好笑

早上起来一看……

在这里！

第二天……

全副武装

袜套

睡袋

有备而来！一起睡吧！

贴纸狂人

① 冰箱上

② 餐椅上

3岁好好笑

③ 各种家具上

最讨厌的是……

呵
呵

她最喜欢……

要贴!

要贴!

不要贴!

贴在人身上！！！

老婆……
这里还有一张
啦！

可恶！

喂饭

是个大工程

奶　米粉

速度 ▶ ▶ ▶ ▶

粥　面

面包　蛋糕

速度 ▶ ▶ ▶

（6~18个月）

（4~7个月）

快嚼！

饭食

速度 ▶　（45分钟+）

每次吃饭前，就想看动画片！

开！开！

解决办法：

好吃的"饭饭"！

和我们一起吃"饭饭"……

最后……
只得放她下来。

继续！再补几口！

一小时过后……

加热ing

你的饭也凉了……

算了，不吃随便她吧！

填鸭强迫症!

呃!

舌头一伸就吐出来了……

一切努力都是徒劳的!

我饿她一下!看她要不要吃!

问题是：她会觉得饿吗？你狠得下心？

哼!

零食藏起来

不爱吃饭的小孩好讨厌!

小忆在长大

3岁好好笑

3岁好好笑

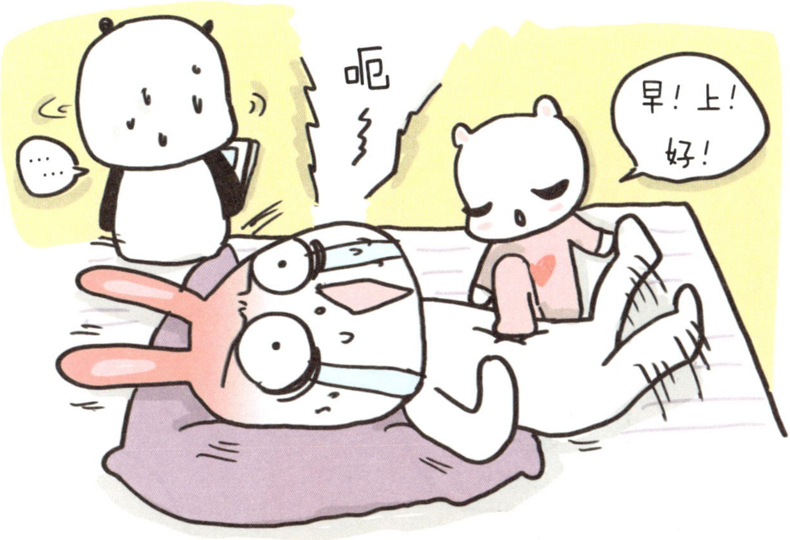
……
呃
早！上！好！

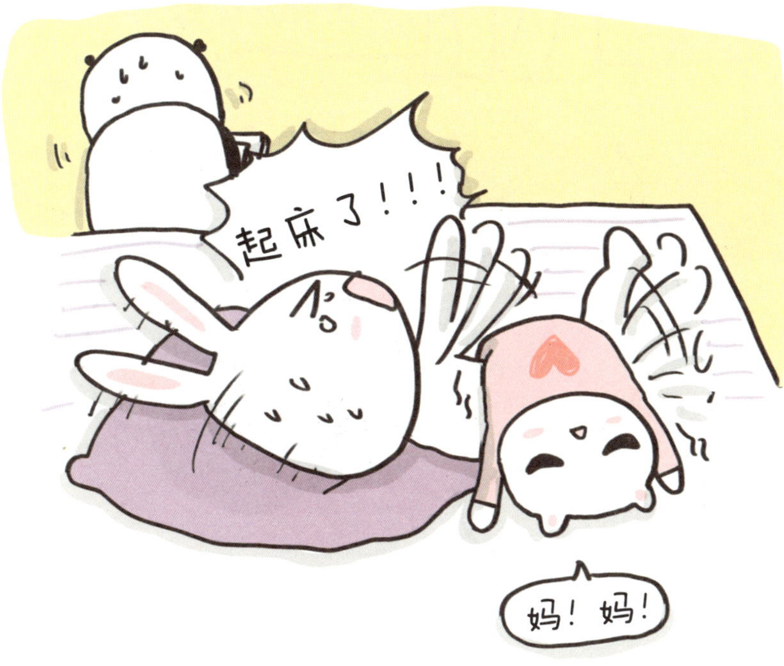
起床了！！！！
妈！妈！

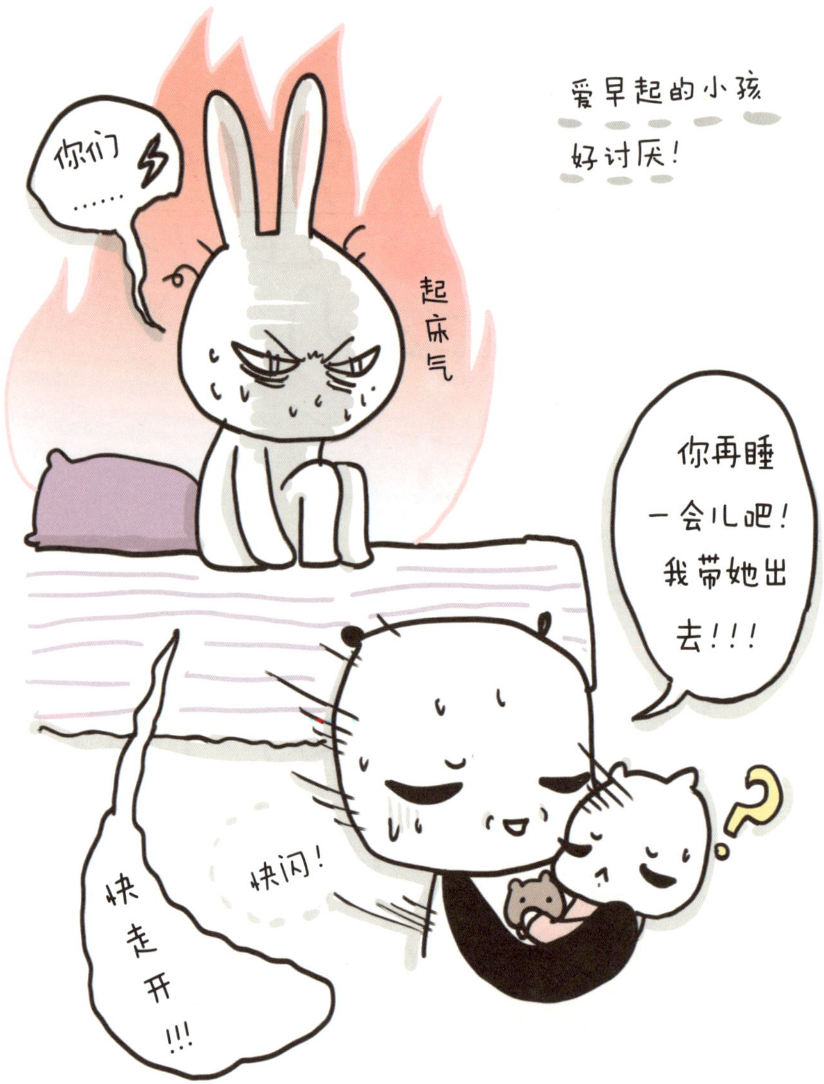
爱早起的小孩
好讨厌！
你们……
起床气
你再睡一会儿吧！我带她出去！！！
快闪！
快走开！！！

小狗

小忆最喜欢的狗（玩具）

傍晚散步时……

狗狗

汪！汪！

那……

就摸一下吧！

呵呵！不好意思！

汪!!

抓

逃走

狗狗!

狗狗!

她这么喜欢狗，以后要不要帮她养一只？

喜欢吗？

算了……

这种喜欢……

狗狗可承受不起呀！

小"祥林嫂"

自从小忆有了"联想"思维……

小脑子记性还不错！

"五角星"

五角星

每次都要告诉我们她的"联想"。

冬天带小忆去沙龙剪过一次头发。

以后……每次路过那里……

洗脚

冬天，洗澡隔天洗！
不洗澡的日子就洗脚！

先卷裤子！

倒温水

（冷了再加）

一不留神，就……

3岁好好笑

刚擦干一只脚······

另一只又踩水了······

只能赶紧抱走！

最后……还要收拾烂摊子……

太累了，还不如给她洗澡呢！！！

小忆的"伤感"

小忆这个小朋友……

话少

胆小

爱叹气

爱面子

很小的时候

就心事重重……

她是在叹气吗？

……

哎！

屁点大的孩子，会有什么烦恼呢？

最近……

当她玩
得好好的
时候……

上一秒在笑……

下一秒

就伤心了……

挤出两行泪！

然后一转身

就忘记了为什么伤感……

厌食真讨厌

天开始变热了⋯⋯

胃口也开始变差！

快点吃！
快！

每次喂饭就像打持久战！

一边喂饭还要一边讲故事……

3岁好好笑

一个小时过去了……

ZZZ

听了无数个
"从前有一个"
的悲惨故事
……

快睡着了！

不吃拉倒！！！

以物换物

P同学生日那天，我们全家
去吃海鲜自助餐！

这个给
你玩吧！

小忆没什么

能吃的……

挺无聊.

螺

炒饭

3岁好好笑

3岁好好笑

"作"症

啥? zuo

（沪语）

最近，每到晚上睡觉的时间……

不要！

不要！

不要！

不睡觉你要干嘛？！

……却开始抗拒睡觉！

放音乐！

放音乐！

放音乐！

!

要求特别多!

喝水!
要喝水!
喝水!

又不得不满足她……

太烫
呼呼捏
(沪语发音)
推开!
温水

太冷
冰冰浪
(沪语发音)
加了冷水
推开!

3岁好好笑

横也不是，竖也不是！

其实她自己也不知道干什么好……

伤心

肿么办

2岁之前的小忆 →

有什么不爽会大哭（高分贝）

现在

人中拉长

经常会突然难过……

还自己擦眼泪……

叹气……

不知道该怎么安慰……

妈妈帮你
挠挠背吧！

尿布处

3岁好好笑

本能

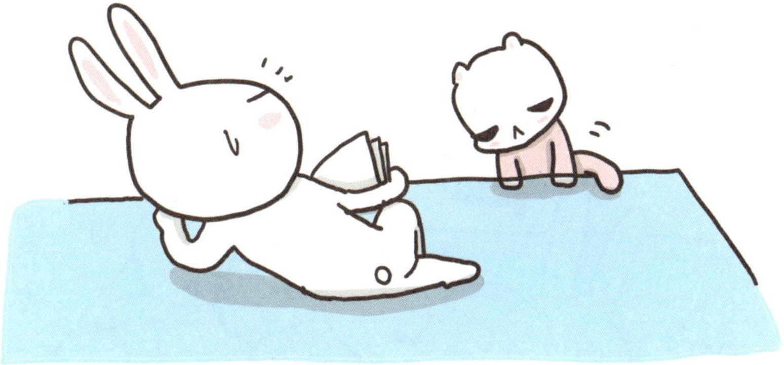

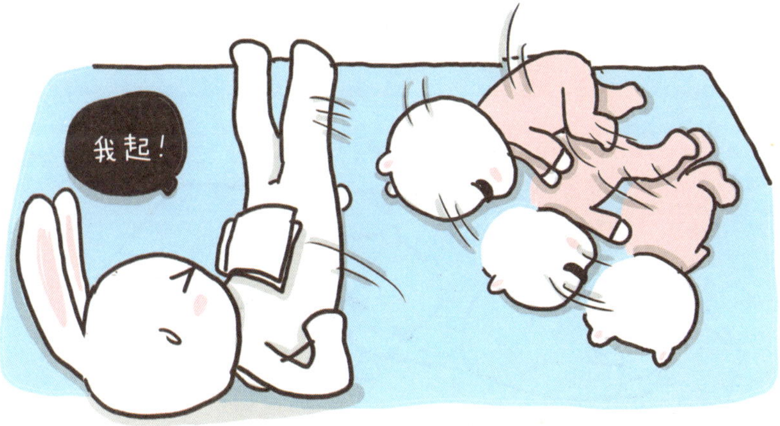

3岁好好笑

新发现

终于……"没电"这招没用了!

受伤了……

唯一的优点被嫌弃了！

只好来硬的！

不给！

哭！我会怕你吗？

……

老婆威武！

男人在女儿面前基本都是"好人"！

3岁好好笑

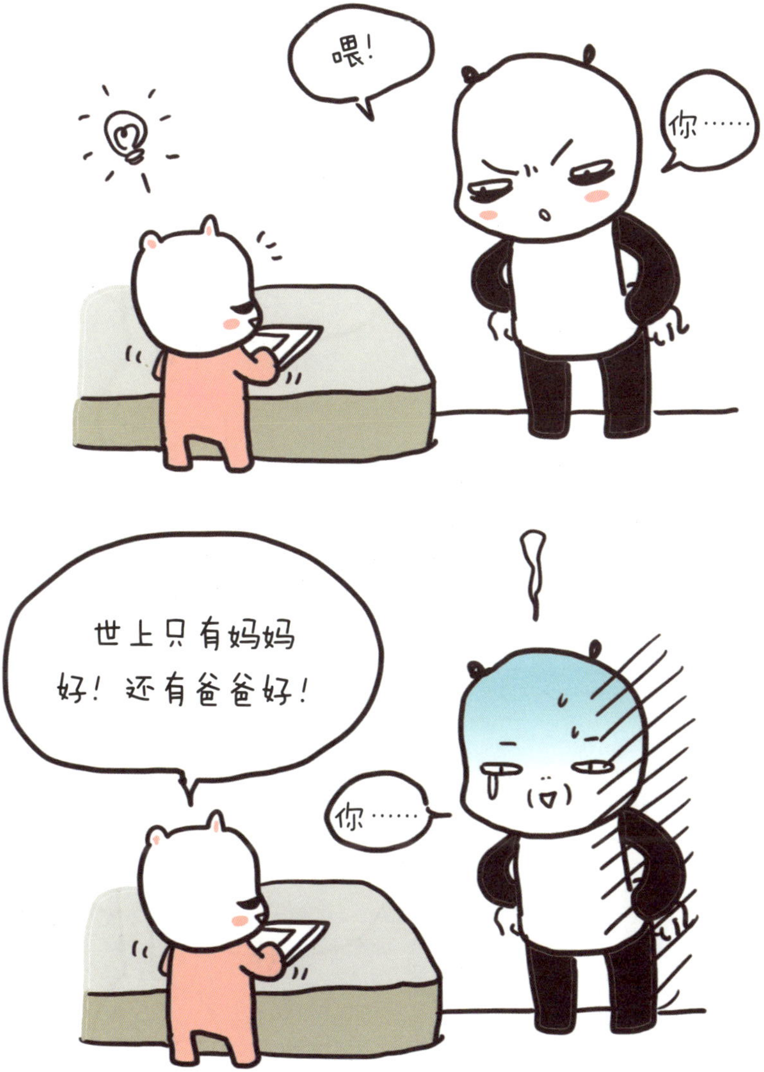

这！是！谁！教！的！！！

听力 测试

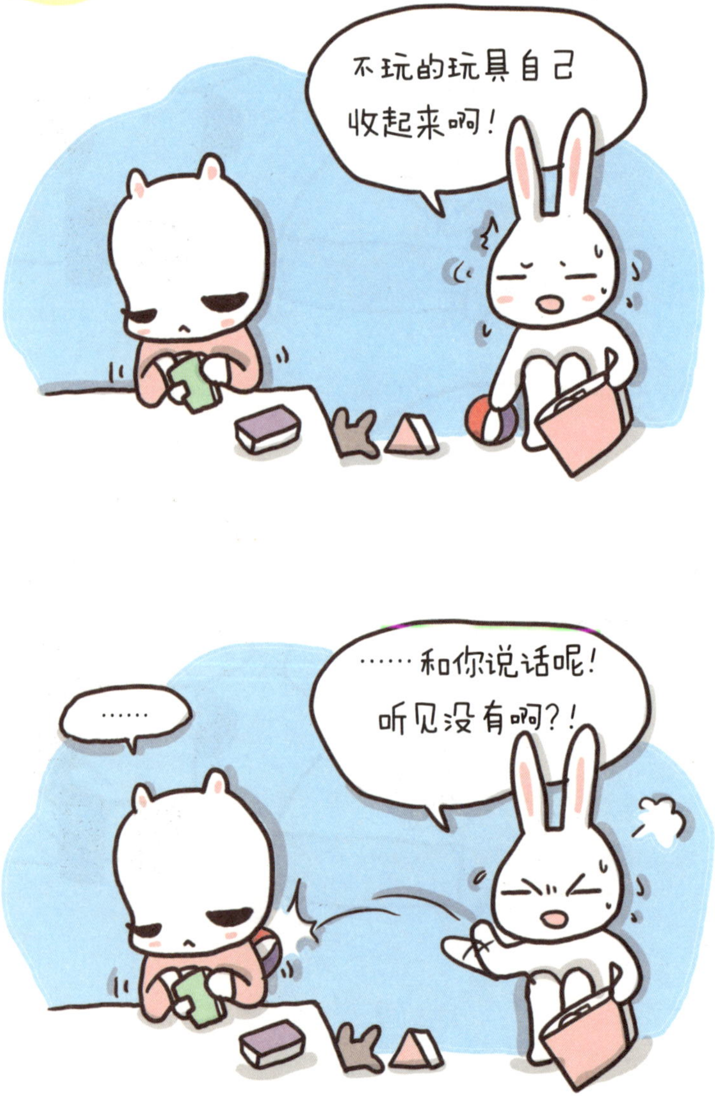

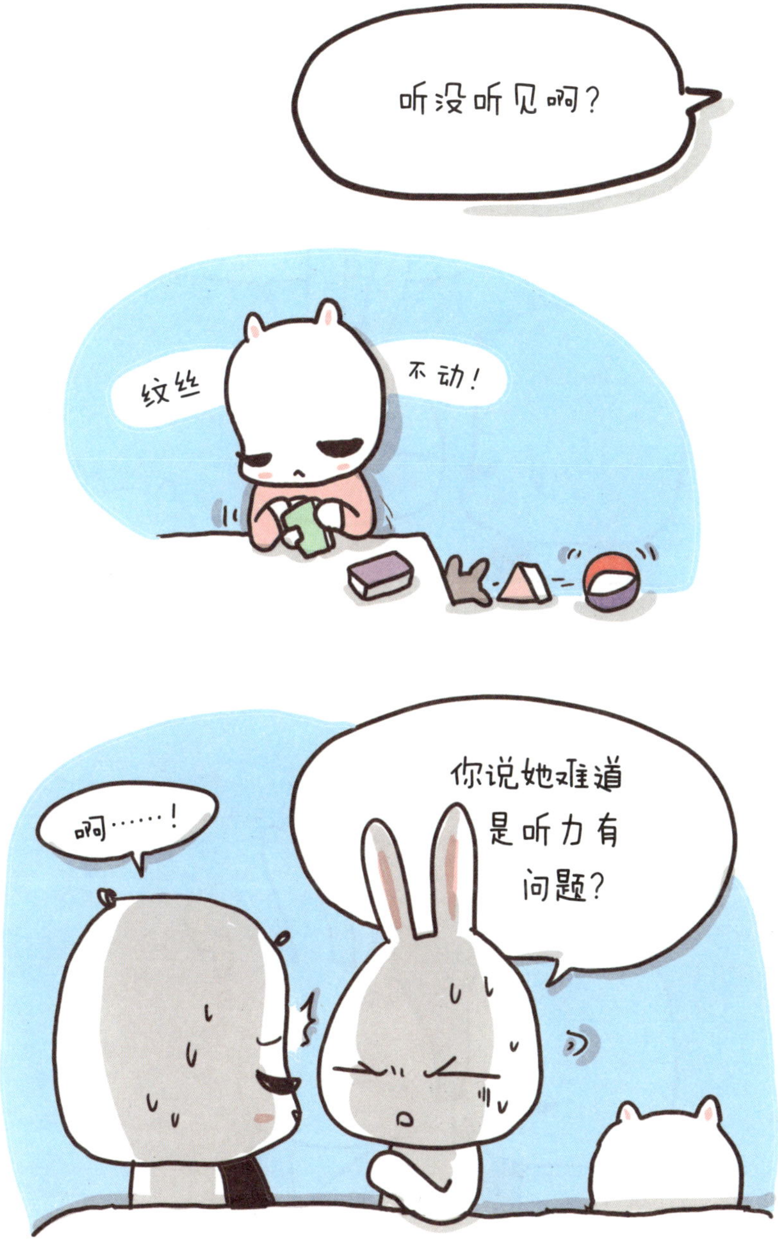
听没听见啊？
纹丝
不动！
你说她难道是听力有问题？
啊……！

3岁好好笑

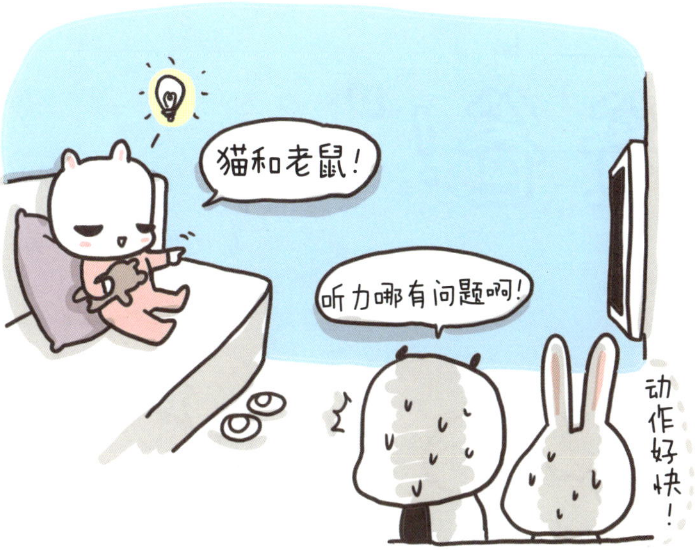

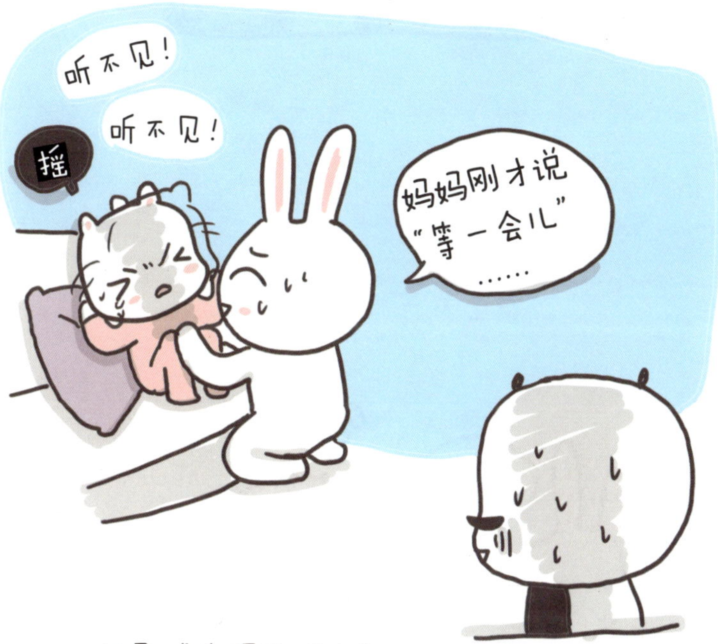

还是“选择性听力”！

3 岁好好笑

为什么会这样呢？

3岁好好笑

使坏的时候

bā bā
爸！爸！

围 压低压低

原来两个字就能表达全部了呀！

厉害！

对付"懒虫"妈妈

大冬天的，睡懒觉最舒服了……

不理……

妈妈！快起来！

好讨厌的"小闹钟"!

"懒骨头"和"软骨病"

抱抱!

抱抱!

懒死了!

不抱!自己走嘛!

自从

学会走路后……

就再也不肯走路了.

你是得了"软骨病"吗?!

瘫

一旦

借到一点力……

有一天……

婆婆在喂汤的时候

说起……

你哟!

脚不用来走路,那用来做什么?

做 "规矩"

自从前天手上

被咬了两个蚊子块……

握

手就这样子了

开始我们都以为是暂时的……

后来……

玩耍也背着手……

（用手的不玩）

晚上睡觉也背着手……

（睡不着，忍到12点！）

吃饭也……

3ㅇ

两天了……严重影响生活！

手拿出来！！！

不要！

不要！

我不要！

倔

P同学忍不住发火了！

发火也没用……

爷爷！

爷爷！

因为她现在会"搬救兵"了……

救兵到

你自己去开动画片看?!

不要!

爷爷

好好诱导

是没用的!

（手也背着）

爷爷开!!!

等下把你的玩具全送给毛毛弟弟!

奶奶

反正你也不玩……

不要!

不要!

不要!

恐吓也没有用!

等我回来好好给她做"规矩"！！！

用脚玩

咳……

最后使出"杀手锏"

也没用！

看来只能狠狠心

做"规矩"了！

两分钟后……

哭生病了怎么办？快放她出来！！！

爷爷奶奶心疼极了！

……

要慢慢来！

不要这么凶嘛！

P同学

......

很受伤……

"规矩"宣告失败……

我们家教风格从此走向"温和派"!

3岁好好笑

3岁好好笑

"我闻到了你的浪漫……"

乱

各种乱……

一个人的生活
可以乱得肆无忌惮！

欧巴……

3岁好好笑

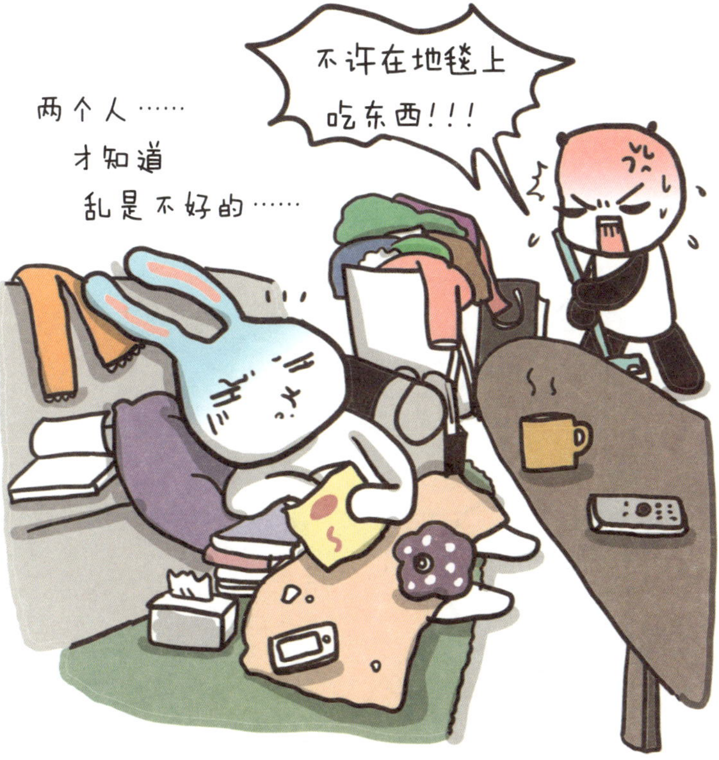

后来

有了小忆……

三个人的生活……

我恨
粘纸！！！

真是乱得苦不堪言！！！

"人艰
不拆"
啊！

白目……

学 舌

那……多带出去玩玩！

每周都带出去玩！

是不是不太接触小朋友呢？

好像也不是吧……

毛毛弟弟

只是，这姐弟俩都只会说火星语……

（居然还能交流！）

3岁好好笑

3岁好好笑

双脚跳

小白兔，白又白，
两只耳朵竖起来。
爱吃萝卜和青菜，

蹦蹦跳跳真可爱！

想教她"双脚跳"……

两只脚

这是大跨步好吗！

3岁好好笑

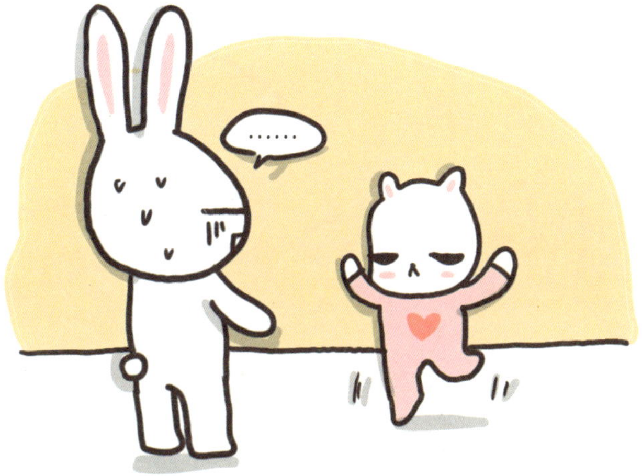
……

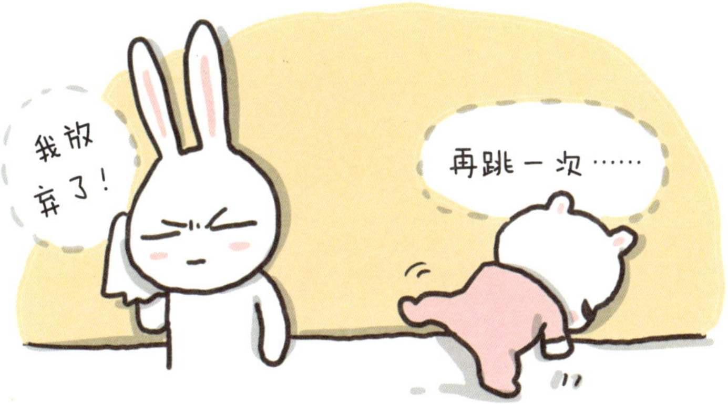
我放弃了！
再跳一次……

早一点晚一点又有什么关系呢?

长大了总有一天会做到的!

一起洗澡

夏天偷懒，直接拉女儿一起洗澡啦！

3岁好好笑

⑤ 一起冲洗！

3岁好好笑

Chapter 2

生病这点事儿

心疼死了！

生病 真可怜

好重……

抱抱!

抱……

生病的小忆，变得很黏人……

不要吃饭!

咳!

咳咳

咽痛是个大麻烦!

好不容易喂好又全吐掉了……

晚上症状加剧，无法入睡……

3岁好好笑

擦鼻涕

心得

天冷了，
小忆动不动就
流着鼻涕。

呀！快过
来擦一下！

最怕身边找不到
手绢！

口袋里
全是手绢！

小孩擦鼻涕慎用 ↘

卷纸

草纸　　　卷纸　　　餐巾纸　　　厨房用纸

一定要用 ↘

柔　　软

纱布质地的手绢

消毒

晾干

批量洗

3天后

还是无法
避免

皮肤
擦破了

所以还要配合用润肤品!

用尽各种婴儿品牌,
也没有发现
比较有效的!

不如
超市里买的

甘油

去医院好纠结

小忆好像生病了！！！

先上网查一查！什么情况……

搜索

风热？
风寒？
细菌性？
病毒性？
过敏？
肺炎？
脑炎？
心肌炎？

查了更焦虑……更没头绪……

3岁好好笑

因为网上最后一句话总是

对小儿感冒切不可掉以轻心，应 及时去医院就诊。

不要乱用感冒药，应由医生检查、确诊后再行治疗。

要不要去医院？

又没
发烧
……

不要吧！

擦不干
的鼻涕

36℃

担心

担心

担心

担心

什么事

都爱往
坏处想！

3岁好好笑

现在才叫到88号……

270号……

医院每天都要排长队。

来！这里有"特需"！

停好车的P同学

【特需门诊】环境好，人少，医生耐心问诊，诊费60元以上或更贵。

特需门诊 挂号 收费

请付款：380元
380元

面不改色
心不跳！

这时候才深切体会到：
我们这么努力工作赚钱是为了啥！！！

挂画♡

有舒服
的椅子坐

太好了！前
面只有3个人！

3岁好好笑

大便没有拉
呀……

大夫，感冒？

3岁好好笑

3岁好好笑

又是这个!
家里好像有!

这么多?

有些药回去看看说明书,
不良反应一大堆!
也不是必服药, 就不吃了……

等爸爸取车……

算了……看了没事

也就放心了……

3 岁好好笑

躲不过的急诊

今年秋天的这一场感冒：

一不留神怎么被蚊子咬了？

这么冷蚊子还活着？

先是从脸上手上发出几个小红点开始……

咳咳咳……

然后半夜睡时咳嗽咳醒几次……

怎么了啊？生病了？

妈妈……我想睡觉了……

有一天从幼儿园接回来时就感觉不太好……

没精神

脸很红！

高烧常常是晚上睡下后发作的……

买过各种耳温枪、温度计，各种坏，各种不准！

进口的

国产的

药房的

思想斗争一番，还是决定送医院挂急诊！

夜里好不容易开了20多公里……

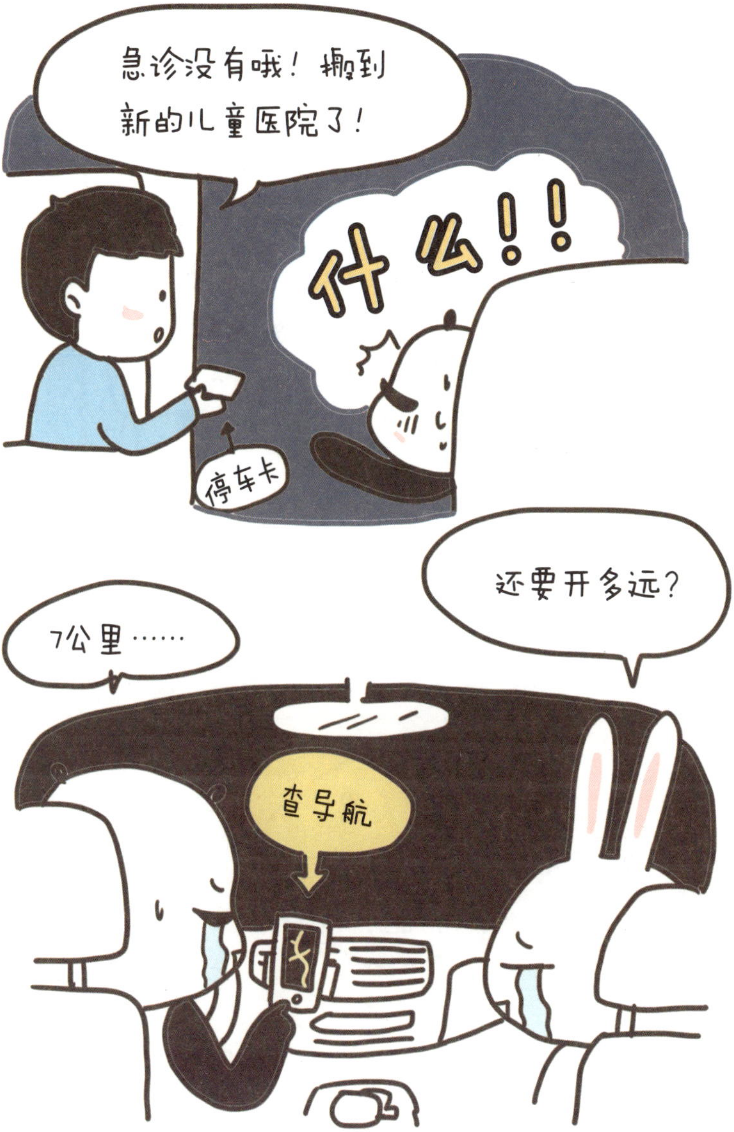

到了医院继续蹉跎……
（大半夜的急诊依然人满为患！）

吃零食
吃到撑!!!

到几号了?

……

"咳

真的太漫长了!!!

4个小时后……

到了!

3岁好好笑

再看看……

去验个血吧!

哦

急诊也一样……

3岁好好笑

凌晨人越来越多……

无论我们多么着急，
有多么多的问题、疑惑⋯⋯

医生都是不爱说话的！

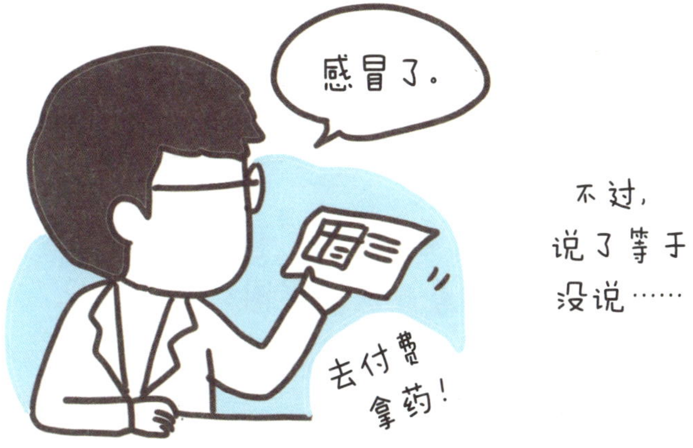
感冒了。
去付费拿药！
不过，说了等于没说……

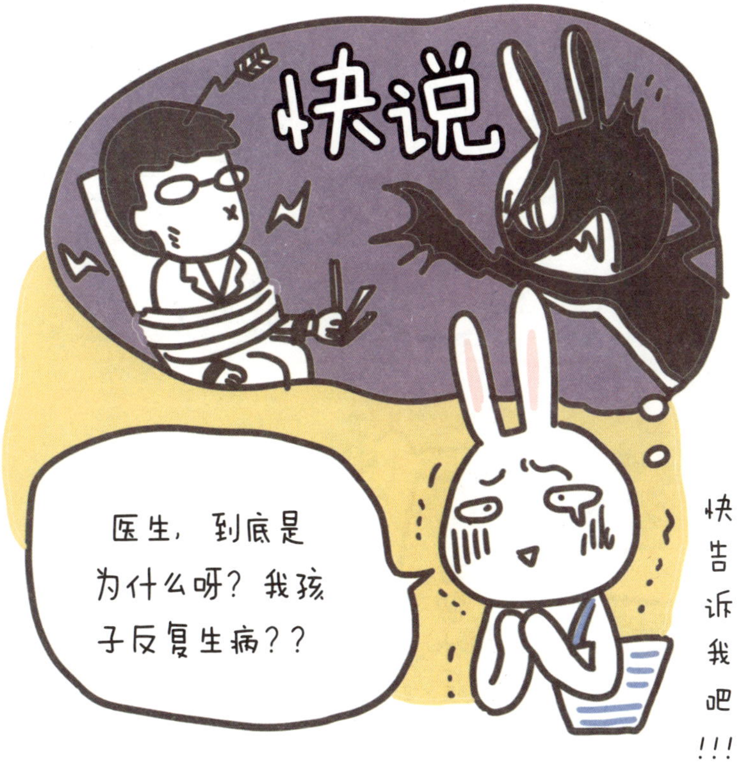
快说
医生，到底是为什么呀？我孩子反复生病？？
快告诉我吧！！！

终于，这次在我的"逼问"下……

这一看就是个"过敏体"！你们看：这黑眼圈！这干皮肤！一跑就咳嗽吧？

黑

红

咳

啪！

过敏体质

以前身边听说很多……

可是……

怎么可能！

一岁前不是过敏体质……怎么两岁后就是了呢？？？

崩溃……

无解……

环境造成的！

没办法

P.S.

关于

医生为什么不爱说话?

话多容易口干!

口干会多喝水!

WC

病人太多,
不能经常
上厕所!

所以……

医生看了报告
不说话的话,
说明没什么
大碍!

……

理解万岁!

Chapter 3

欢乐 亲子游

动 物 园

第一步： 选个好天气！

多云 ✓

✗ 不要大太阳曝晒！

阴天 ✓

✗ 不要下雨天！

雨伞强迫症

保险起见，还是带把伞！

第二步： 查好路线（停车、吃饭、厕所等）！

9:00出发

ZOO

12:00 吃饭

19:00

外婆家

17:00

……

……

失重！

第四步：抓重点，不能每个动物都看！

长颈鹿

鸟区

灵长

火烈鸟

老虎！狮子

猩猩
猴子

水族

大熊猫

熊猫

比如鸟类……

除了孔雀开屏，其他就略过吧！

第五步： 亲近大自然！

终于可以
拍照啦！

草坪有孩子在追赶鸽子……
画面很美好 ❤️

小忆喂鸽子好有爱

But……

鸽子呢?!

麻雀

小忆的追赶……
"弱爆"了啊!

3岁好好笑

第六步： 体力大比拼！

电

终于放光啦！

我们终于可以回去啦！！

假日周边游

假日出游遭遇大堵车！

还好途中下了高架，
看见一家不错的日本料理
店，全解决了！ ♥

N个小时后……
终于到了酒店！

小忆快看！
酒店赞不赞？

好哒！

登记入住
要排队的，
你们可以先
逛一逛！

酒店休息室 ♥

游戏机

玩得忘记了时间……

半个小时后

人呢？ 人呢？

蹉跎得想死！！！

计划赶不上变化！

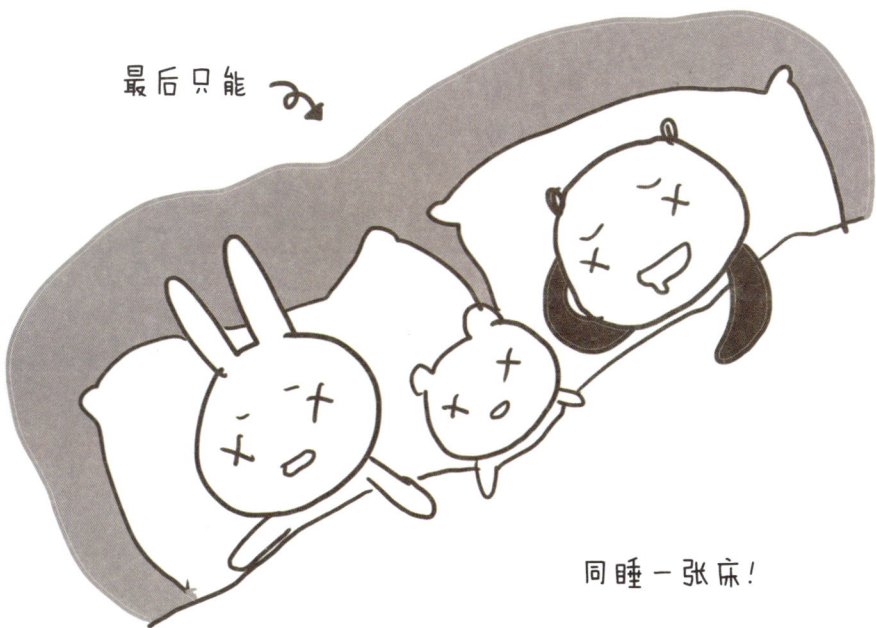

由于入住的人太多，

小床也被订光了！

最后只能

同睡一张床！

3岁好好笑

可是……

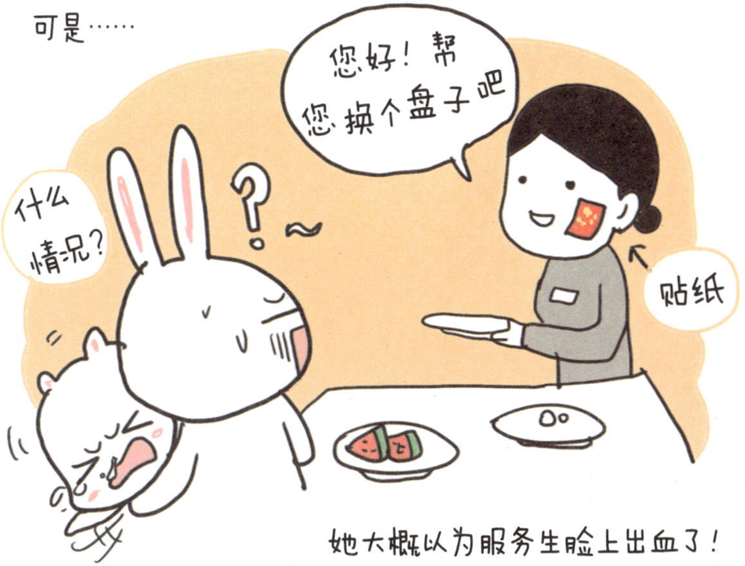

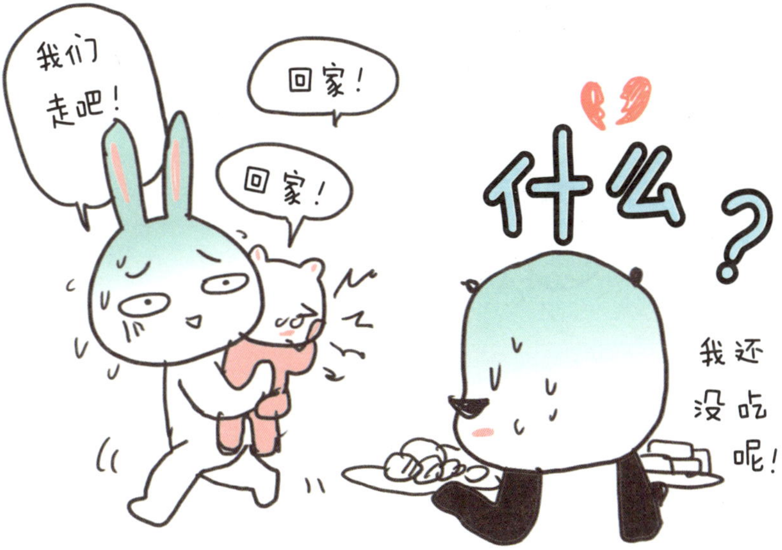

我们都好想回家！ T.T

自虐香港游

准备工作（分工）

—— 爸爸负责

预订+攻略

餐厅

交通

订机票

迪士尼门票

扫货

—— 妈妈负责

行李整理

要不要带……？

轻装上阵！

香港 **旅行** Tips：

爸爸做的功课

① 航班   首选：港龙航空

次选：香港航空/香港快运

时间：12:20

（午睡时间）

全程1小时45分

（上海→香港）

② 酒店　　第1晚　　铜锣湾

（趁体力最强时逛街扫货！）

××百货

时代广场

第2晚～第4晚　　荃湾某五星酒店

高区海景套房

76层

能睡安稳咪！

酒店配备小床

（交通便利） ① 去迪士尼近！

② 去东涌的outlets近！

③ 去尖沙咀方便！

③ 吃饭

不一定看懂！

早上街上发的报纸

上菜好慢！

有feel

在香港，一定要吃个早茶哦！

妈妈的准备工作：

① 妈咪包

干粮

湿纸巾

推车

碗

帽子

尿布

毯子

4千克

奶瓶

奶粉盒

外套

（香港室内冷气足）

② 洗漱包

（化妆包合二为一）

洁面

洗发水

面膜 粉底

口红 面霜 牙刷牙膏

三双 三条 两件

个人衣物

③ 衣服

外 卫衣 外

Tee

ipad

可折叠羽绒服

中裤

打底裤

小背包

外 外

防风外套 卫衣 Tee

牛仔裤

大背包

全穿身上！

外 外 外

Tee

内衣

毛衣 外套

Tee

各三件

Tee2件

证件

迪士尼

手机卡

小达摩

证件包
（随身带）

坐便器（下次不带了 ´﹏`）

雨伞+阳伞

保鲜袋

环保袋

帮我开通
香港日套餐

10086

可托运

手机

请往这边走！

看来带你出门还是有好处的！

哈

带孩子的乘客上飞机不用排队！

香港，我们来啦！ ♥

HK迪士尼乐园 上

快理包!

老公，明天
我们会累死吗?

好害怕!

ZZZ

趁女儿睡着后，

我们准备衣物和用品……

出发前

买好的：

迪士尼
成人套票
两张
（含餐券）

万能的
某宝

1-DAY　1日票

10:00-22:00

2-DAY　2日票

（3岁以下儿童免票哦）

注　园内不能带食物!

（"🍼"除外）

迪士尼列车很赞！

寄存处：美国小镇

（38 × 41 × 36）cm（50HKD）

大包

（28 × 43 × 28）cm（40HKD）

小包

【寄存服务】

60HKD/天
押金240HKD
（限量）

婴儿车租借

：个人认为车有点丑，而且笨重！
还是自己带推车吧！

乐园其实
不大……

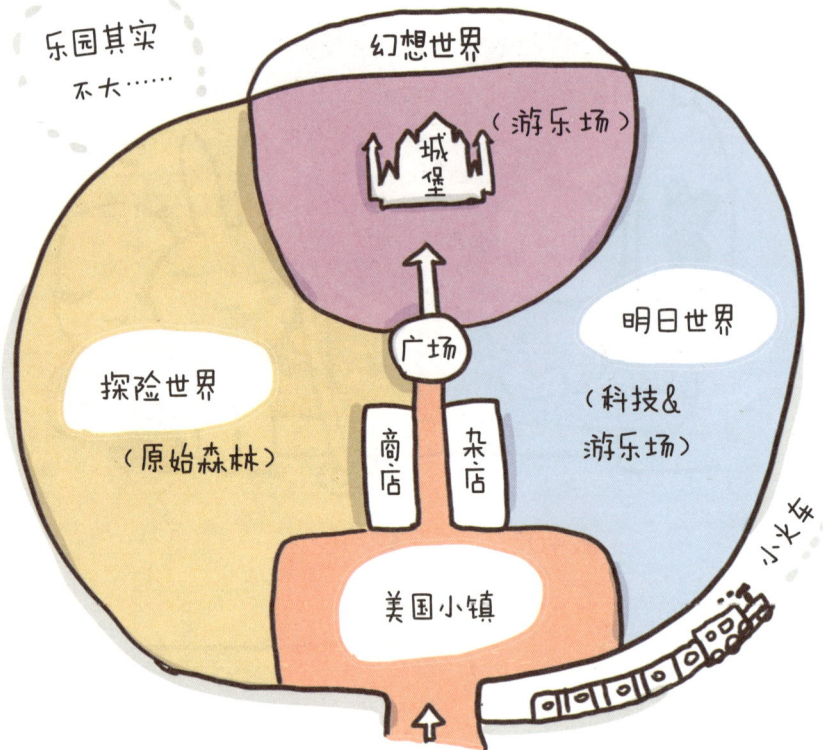

幻想世界

（游乐场）

城堡

探险世界

（原始森林）

明日世界

（科技&
游乐场）

广场

商店　杂店

美国小镇

小火车

入口

第一件事是……

装扮起来！♥

98
HK

？

好可爱♥

137
HK

这样才有feel!

　3岁好好笑

手推车停泊处

包也挂车上

园内任何游玩项目都要排队的！

被偷怎么办？

没人看管的啊……要紧吗？

应该没事！人家车比我们好！

而且推车要先停好，再排队！

先坐小火车绕乐园开一圈，大致了解一下园内设施！

下了火车去取推车！

可是套餐太难吃了……

吃完中饭……

到了宝宝的睡点！

我去灌点开水！

顺便查看地形！

奶嘴含住就睡了

招蚊子的O型血

睡了两个半小时……

被咬了满腿包！

还遇见白雪公主在身边驻足……

立刻排起长队合影留念。

正好!

"明日世界"里只有冷水……我问店员要的!

热水来啦

睡过觉，吃过奶……下午三点！我们继续！

旋转木马！

旋转咖啡杯！

史迪仔的飞船秀
很欢乐～～♡

飞起来咯！

小忆最爱的
小飞象！

以上都是光鲜的一面！

其实……
每个项目都要无尽地排队……♪

消停

我来拍照！

我累得腰子快掉下来了……你们去玩吧……

还有尴尬的事……
↓

不怕！不怕！

哇！

哇！

我们还是出去吧……

看4D电影吓得大哭……♪

熬到晚上八点，站好位置等看烟花……

没想到……

终于知道为什么3岁以下免票了……

美好海岛游

【海南 亚龙湾】

去海南吧!

好呀!

寒冷的冬天，没有比去南方更美好的事了!

小忆自己整理行李

不可以都带去哦! 精简一下!

挖沙

绘本

上午是冬天，下午是夏天！

3岁好好笑

酒店门前有私家海滩，
可以挖沙子。

P同学是来海边
睡觉的！

是真的沙子呢！
不是决明子

事先备好的
挖沙工具一套

挖宝
先藏宝!

埋好!

过一会儿

再挖的时候……

没了……

下次你们如果去
亚龙湾的美高梅，可以在第一排沙滩
椅右边第一个下面挖一挖！

也许会挖到小忆的玩具哦！

幼儿园 ‧‧‧‧‧‧▷
寻找记

别忘了去找找合适的幼儿园！

上班去了……

两岁半

一大早爸爸就派任务！

攻略

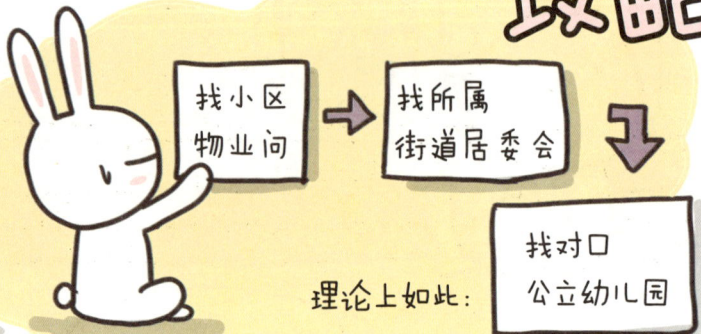

找小区物业问 → 找所属街道居委会 ⤵

理论上如此：

找对口公立幼儿园

实际上……

公立幼儿园

不知道如何是好……

公立幼儿园

……电话也没人接！

公立幼儿园

……在门口徘徊了许久

要不你明年过完年早点来报名?

明年啊!!!

谢谢!

妈

头战大败而归……

放心! 小忆,

妈妈不会气馁的!

明天继续!

私立

PS: 公立幼儿园招生时间: 2月和5月

幼儿园记事

第二天

今天要做好周全的计划!

绘制顺路的行车路线

(家附近5公里内的私立幼儿园)

厚着脸皮

挨家挨户去问!

满了!

60%人满为患!

学费
××元/月

20%太昂贵!

最后只有这家……

× × 双 语 私 立

▶ 有托班，有名额

▶ × × 元/月（合理）

▶ 老师热情亲切

缺点 ▶ 看上去破旧阴暗……

（只能忽略不计）

当天就带小忆入园了

人挺高的，直接上小班吧！

园长亲自接见

叫老师好！

好！

园长的脸好严肃！

外教

生活老师

实习老师

班主任

入园须购一个"大礼包"：××元

被褥一套

运动服一套

校服一套

虽然都很丑，但一想到好不容易才找到的幼儿园……

算了，不计较这些了！

还要报两个兴趣班××元／门／月

虽是自愿的，可是不能不报！

因为……

下午两点半时

不报的留在教室！

一个人……

报！

太可怜了

第一天去幼儿园就留在那儿了，

心里感觉怪怪的……

一入园就生病

午觉醒来有点发热了……

一接到电话立马赶到幼儿园！

一生病就是十多天

老师你好，我是小忆妈妈，想给小忆请个假！

康复后入园没几天……

又病了！

本以为上幼儿园我可以

轻松些，没想到

更累了……

手工谁来做

没过几天，
幼儿园布置了
一个手工作业。

回家作业

环保主题

这有什么难的！

油画

其他我不敢说，手工我
是有把握的！

雕塑

服装设计

我们不要做
太好，差不多
就可以了！

得意

3岁好好笑

其实小忆现在
只会画单线，
填个色……

喜欢
贴粘
纸……

根本不会什么手工！

妈妈
你看！

为什么不能
让我们的孩子
做力所能及的事呢？

还有

这个谁做的……

我小时候
就有大人帮
孩子做这个！

现在又来？！

幼儿园里吃什么

幼儿园的饭大多是：

肉丸

炒饭

水饺

烂糊面

点心有：

牛奶

饼干

蛋糕

时令水果：

 橘子

 香蕉

零食：

 益生菌

 巧克力威化

可每次问她……

今天幼儿园里吃什么？

吃榨菜！

什么？

怎么可能！

幼儿园里穿什么

为上幼儿园准备了一柜子的新衣……

尽量不要穿裙子、紧身裤、连体衣等，上厕所不方便，午睡不方便！

喔！

春　　　夏　　　秋　　　冬

运动衫

长袖　　　短袖　　　　　　　　羽绒

长裤　　　打底裤！　　牛仔裤　　夹棉裤
（皮筋裤腰）　（防蚊）　（皮筋裤腰）　（宽松）

鞋

运动鞋　　　皮鞋　　　　布鞋　　　洞洞鞋
（魔术贴）　　　　　　　　　　　　（底太滑）
　　　　　（方便脱穿）

发饰、项链什么的不能戴！

（据说会被别的小朋友吃掉  ）

番外篇

6点半

"人形"闹钟☺

专属厨师

造型师

好看吗?

这套?

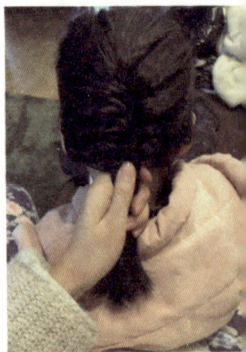

别挡老娘的道！！！

司机

快迟到了！

要比莫奈有情怀！

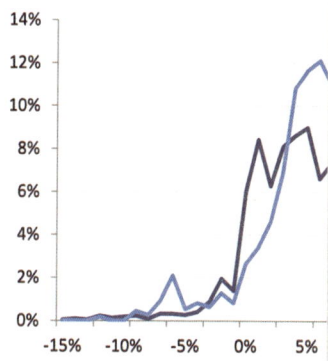

帮我开个基金帐户！

要比昨天的自己更有钱！

要比年轻人更努力工作!

我要逆生长!

要比生孩子前更瘦!

因为是☆⊗!

为什么不是⊗△D☆~

要更有耐心!

加油！

？

女儿3岁，妈妈渐渐变成了女汉子！

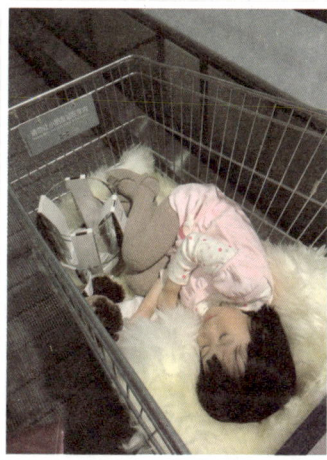

购物车里的小忆

爱拼图
的小忆

但是没关系啊！
看着她一天一天
成长，心里无比
欣慰和开心！

此书献给所有
正在陪伴孩子成长的
爸爸妈妈！

图书在版编目（CIP）数据

3岁好好笑 / 格子左左著 . —上海：上海世界图书
出版公司，2017.1
　ISBN 978-7-5192-1371-8

　I. ① 3… Ⅱ . ①格… Ⅲ . ①婴幼儿—哺育—基本知
识 Ⅳ . ① TS976.31

中国版本图书馆 CIP 数据核字（2016）第 110141 号

责任编辑：苏　靖
责任校对：石佳达

3岁好好笑

格子左左　著

上海世界图书出版公司出版发行
上海市广中路88号
邮政编码　200083
上海新艺印刷有限公司印刷
如发现印装质量问题，请与印刷厂联系
（质检科电话：021-56683130）
各地新华书店经销

开本：148×210　1/32　印张：7.5　字数：100 000
2017年1月第1版　2017年1月第1次印刷
ISBN 978-7-5192-1371-8 / T·221
定价：39.80元（套装价）
http://www.wpcsh.com